Hadiana Hidayat

Estratégia de Civilização Verde (Revolução da Gestão Costeira de Jacarta)

Hadiana Hidayat

Estratégia de Civilização Verde (Revolução da Gestão Costeira de Jacarta)

ScienciaScripts

Imprint

Any brand names and product names mentioned in this book are subject to trademark, brand or patent protection and are trademarks or registered trademarks of their respective holders. The use of brand names, product names, common names, trade names, product descriptions etc. even without a particular marking in this work is in no way to be construed to mean that such names may be regarded as unrestricted in respect of trademark and brand protection legislation and could thus be used by anyone.

Cover image: www.ingimage.com

This book is a translation from the original published under ISBN 978-3-659-85885-7.

Publisher:
Sciencia Scripts
is a trademark of
Dodo Books Indian Ocean Ltd. and OmniScriptum S.R.L publishing group

120 High Road, East Finchley, London, N2 9ED, United Kingdom
Str. Armeneasca 28/1, office 1, Chisinau MD-2012, Republic of Moldova, Europe
Printed at: see last page
ISBN: 978-620-2-02377-1

Agradecimentos

Os autores gostariam de agradecer ao meu pai (Yoni.M) e à sua família em Kolaka (Sudeste de Sulawesi) e Sumedang (Java Ocidental), à ajuda de Nurainun na recolha de material, a Tyas A. Pribadi pela tradução do manuscrito e a Ilie Tsilea pela edição.

Índice

INTRODUÇÃO

A Indonésia é um país com um nível de biodiversidade muito elevado, com uma costa muito extensa de cerca de 81 000 km e constituída por aproximadamente 17 500 ilhas ligadas por mar (Arief, 2003). É inegável que a Indonésia possui uma riqueza natural tão grande, tanto em terra como no mar, e uma delas nas zonas costeiras. A Indonésia tem muitas cidades localizadas ao longo do curso dos rios, na foz dos rios e nas margens das praias, como Padang, Medan, Jambi, Palembang, Semarang, Jacarta e Surabaya. Nas cidades que se situam na região costeira, existem certamente algumas zonas designadas por frente de água e as cidades com frente de água são designadas por cidade frente de água.

Na região costeira, que é a fronteira entre a terra e o mar, há interação entre seres vivos com várias caraterísticas de diferentes ecossistemas, tais como recifes de coral, florestas de mangue, leitos de ervas marinhas, praias arenosas e outros, que mantêm a estabilidade da região costeira. Se for bem gerida e organizada, a Indonésia tornar-se-á um destino turístico respeitado.

Dahuri (2003) afirmou que a biodiversidade das zonas costeiras da Indonésia consiste em três níveis, nomeadamente, diversidade genética, diversidade de espécies e diversidade de ecossistemas. Uma das diversidades que se encontra frequentemente na região costeira é a dos ecossistemas de mangais. O ecossistema dos mangais tem uma estrutura de vegetação típica, que organiza algumas caraterísticas em sequência, como árvores, rebentos, postes, plântulas e germinação, formando assim uma série de zonas específicas. Existem várias zonações que podem afetar os tipos de vegetação dos mangais, tais como as zonações Avicennia, Rhizophora, Brugueria e Nypah. As zonações têm uma estrutura diferente de vegetação de mangue, que é caracterizada por substratos, ou seja, lama, argila ou areia, ou zona de maré, que a área recebe um suprimento de água doce suficiente da terra, como de rios, nascentes e águas subterrâneas, e a vegetação tem raízes fortes.

A estrutura da vegetação dos mangais tem uma função muito importante para a sobrevivência dos organismos vivos, quer do ponto de vista físico, ecológico ou económico. Fisicamente, as vegetações de mangue servem de proteção da costa contra as ondas do mar e ajudam a formar a terra. Ecologicamente, as vegetações de mangal servem de viveiro, local de desova e local de alimentação para vários biota aquáticos, como peixes, camarões e caranguejos (Nursal et al., 2005).

CAPÍTULO 1

GESTÃO COSTEIRA DE JAKARTA

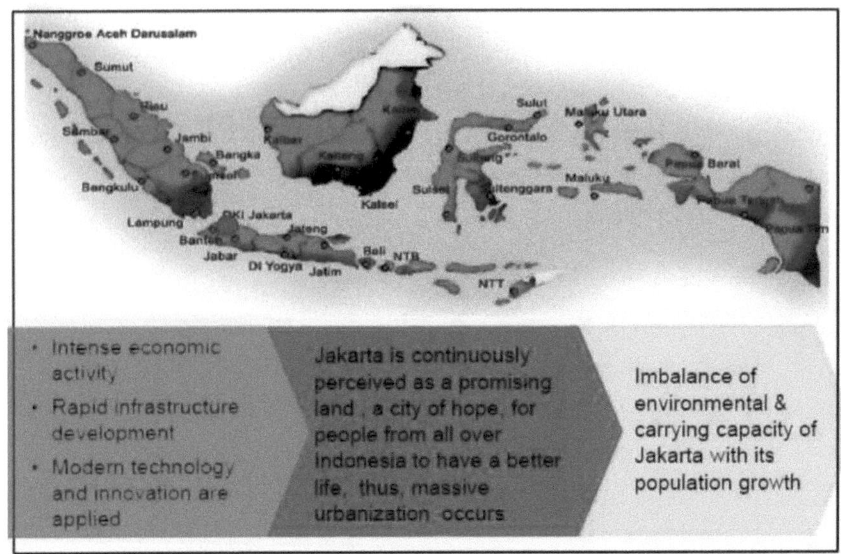

1.1 O estado da região costeira de Jacarta

Jacarta é uma cidade metropolitana, também conhecida como a Região Especial da Capital de Jacarta. Jacarta é a capital da República da Indonésia, e a área total da metrópole é de aproximadamente 66.094 ha.

A costa de Jacarta estende-se por 60 km de oeste (zona de Muara Kamal) a leste (zona da praia de Marunda) e cobre uma área de 5000 ha. Jacarta ocupa uma área ao longo da costa da Baía de Jacarta e situa-se entre a latitude 06° 00 '40 "e 05° 54' 40" S, a longitude 40'E 06° e 107° 01 '19 "E. Com base na administração urbana, as aldeias que se situam ao longo da costa, de oeste para leste, incluem as aldeias de Kamal Muara, Kapuk Muara, Pluit, Penjaringan, Ancol, Tanjung Priok, Koja Utara, Kalibaru, Cilincing e Marunda.

Existem zonas residenciais na costa norte de Jacarta. As habitações situam-se maioritariamente abaixo do nível do mar e perto do estuário de 13 rios. Esta situação resultou numa zona propensa a inundações, com elevados níveis de poluição e que apresenta poças de água ou pântanos. Geomorfologicamente, esta área também é macia / não sólida. Por conseguinte, a capacidade de carga do solo é baixa e a intrusão de água do mar é elevada. Por outro lado, a hidrologia marítima e a influência da monção de oeste provocaram a erosão costeira e a poluição dos ecossistemas de mangais. Estes factores conduzem à inadequação da zona como área residencial e existem muitos bairros de lata com elevada densidade.

Jacarta está a desenvolver-se para leste e oeste, mas tem sido dificultada pela proibição de mudar as terras agrícolas irrigadas para outra função. A direção do desenvolvimento da cidade para sul é muito limitada, uma vez que esta é originalmente a área de captação. Assim, o desenvolvimento da cidade é agora feito para norte, através da construção de uma cidade costeira.

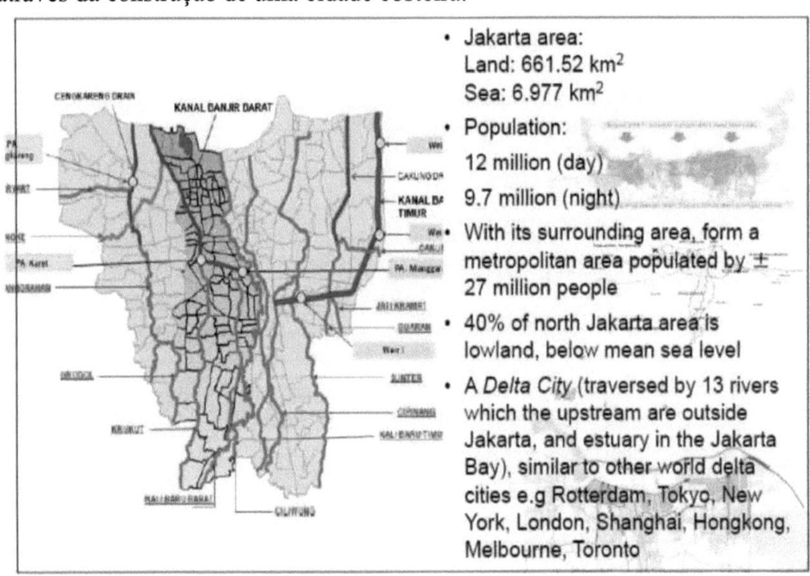

Descrição da cidade de Jacarta

1.2 Alterações que ocorrem na região costeira de Jacarta

1.2.1 A subida do nível do mar

A área de Jacarta Norte está localizada em zonas costeiras, o que terá um impacto negativo direto das alterações do nível do mar, especialmente em algumas regiões como as aldeias de Kamal Muara, Muara Angke, Penjaringan, Pluit, Pademangan, Ancol e Tanjung Priok.

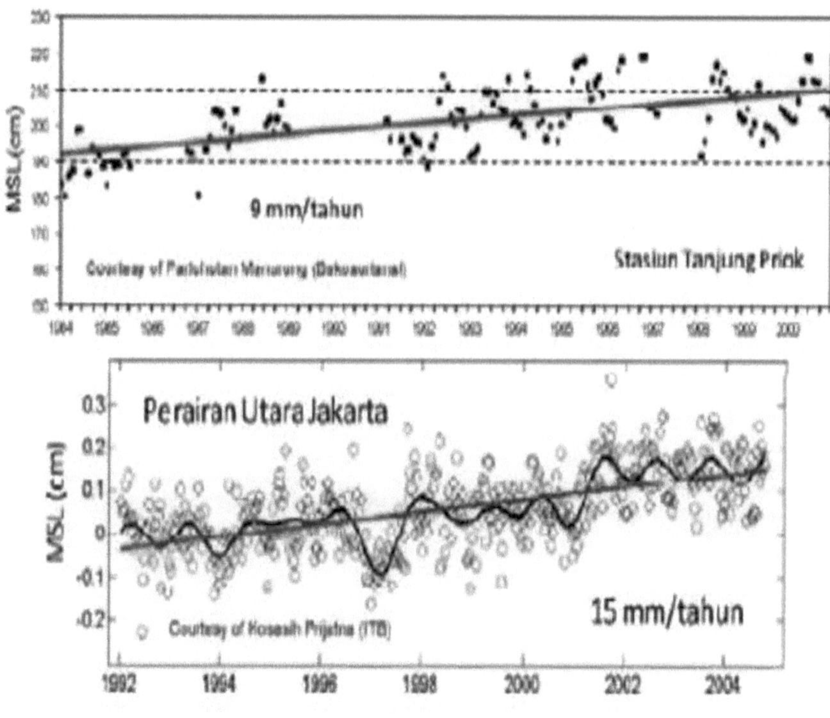

Medição do nível do mar na costa norte de Jacarta

Fonte: Jack M. Manik e M. Djen Marasabessy*) 2010

Os impactos nos ecossistemas costeiros podem ser causados pela subida dos níveis de água ou pela subida da temperatura da superfície da água, tais como o desencadeamento do branqueamento dos corais e de doenças dos corais, a perturbação do habitat dos mangais e da ecologia das algas e das ervas marinhas (Windriani, 2009:12).

A subida do nível do mar

Fonte: Windriani, 2009

A subida do nível do mar pode afetar a retirada da linha costeira da sua posição original. Não só a costa norte de Java, mas também a costa norte da província de Java Central e da província de Banten poderão afastar-se da sua posição original. Em Marunda, estimou-se que a linha costeira recuará até 32,05 metros, enquanto a praia de Bedono Demak recuará até 175,60 metros (Windriani, 2009: 22-23).

Potencial subida do nível do mar devido à inundação provocada pelas marés, com impacto nos danos ambientais nas zonas costeiras. O Norte de Jacarta está atualmente a registar um rápido desenvolvimento, o que é demonstrado pela variedade de utilização dos solos na região. Com base nos resultados da análise visual dos dados das imagens de satélite, a utilização dos solos ao longo da costa norte de Jacarta é dominada por zonas residenciais e industriais. O resultado da delimitação das imagens de satélite sob a forma de informação espacial da utilização do solo pode fornecer informações completas sobre a utilização do solo na região. A utilização residencial do solo dominou a área de 5178 ha e 2878 ha foram utilizados para a indústria. A utilização mais extensa do solo para povoações situa-se no subdistrito de Penjaringan, com 1344

ha, e em Tanjung Priok, com uma área de 1134 ha. A área industrial mais extensa situa-

se nos sub-distritos de Tanjung Priok e Cilincing, enquanto a área mais utilizada para

o cultivo de arroz se situa em Cilincing.

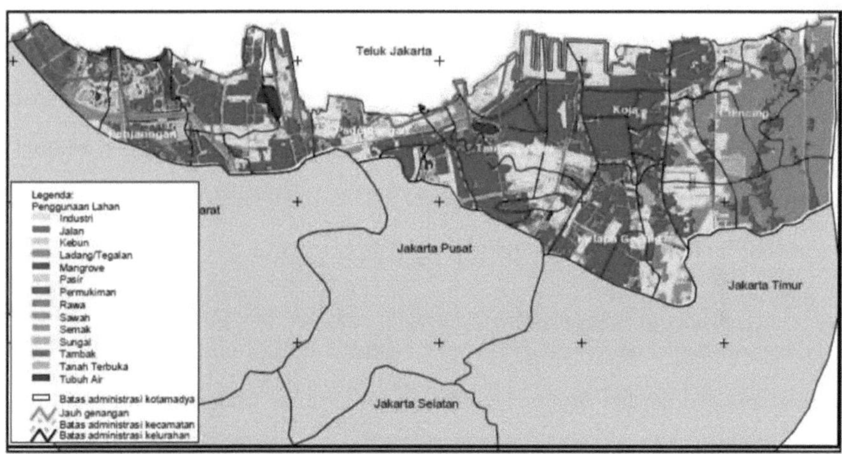

Informação espacial das terras inundadas em 2010.

1.2.2 Recuperação

O plano de desenvolvimento da recuperação na costa norte de Jacarta, com uma

área de 2 700 hectares, é essencialmente uma tentativa do Governo de Jacarta de

melhorar a qualidade da vizinhança da costa norte de Jacarta e de fazer de Jacarta uma

cidade costeira sustentável, capaz de competir com outras cidades do mundo, como

Sidney, Singapura e Hong Kong.

O plano era desenvolver a área de recuperação para se tornar uma área

residencial e de trabalho confortável e de qualidade, caracterizada não só por um

elevado crescimento do investimento, mas também pela boa qualidade do ambiente

humano, com o apoio da participação pública no seu desenvolvimento.

Por conseguinte, através do Decreto Presidencial n.º 52, de 1995, o Presidente

Stewart conferiu ao Governador de Jacarta a autoridade e a responsabilidade de

proceder à recuperação da região de Jacarta Norte, a que se seguiu a Decisão do

Governo Regional de DKI Jacarta n.º 8, de 1995, relativa à execução do plano de recuperação e de ordenamento do território de Jacarta Norte. Entretanto, a Decisão do Governo Regional de DKI Jacarta n.º 6, de 1999, sobre o Plano de Utilização do Solo Urbano de Jacarta, de 2010, também fornece orientações políticas para a execução da recuperação da região de Jacarta Norte.

Tecnicamente, a região de Jacarta Norte, localizada no município de Jacarta Norte, foi planeada em parte como área de recuperação e em parte como região de planície costeira primitiva. A zona de recuperação abrangerá parte das águas oceânicas medidas a partir da costa norte de Jacarta perpendicularmente à direção do mar, de modo a incluir as linhas que ligam os pontos mais exteriores com a profundidade do mar de 8,00 m.

O comprimento da costa de Jacarta Norte é de aproximadamente 32 km, abrangendo a costa que faz fronteira com a costa norte de Tangerang, a oeste, até à fronteira da costa norte de Bekasi Oriental. A planície costeira primitiva que inclui a região de Jacarta Norte abrange os subdistritos de Pademangan, Penjaringan, Koja, Tanjung Priok e Cilincing. A sul, a região de Jacarta Norte é contígua ao subdistrito de Kelapa Gading no município de Jacarta Norte, ao município de Jacarta Oeste, ao município de Jacarta Central e ao município de Jacarta Este.

A política da área de recuperação de Jacarta Norte visava a realização de terras recuperadas com uma área de 2700 ha, o que será feito em conjunto com o realinhamento da planície costeira primitiva de 2500 ha através do programa de revitalização para melhorar a qualidade funcional, visual e ambiental, e o custo dos fundos de desenvolvimento da recuperação física, direta ou indiretamente.

Visionalmente, o desenvolvimento de Jacarta Norte tem um valor muito positivo, nomeadamente:

- Realização da cidade para ser paralela às outras grandes cidades do mundo que se caracterizam como cidade de praia,

A realização da cidade costeira de Jacarta fará com que a cidade esteja preparada para enfrentar a concorrência global,

Enquanto a missão do desenvolvimento de Jacarta Norte é:

- A criação de um modelo de gestão do novo desenvolvimento costeiro para criar uma costa mais fiável (gestão costeira integrada).

- A obtenção de uma utilização de qualidade do espaço tinha como objetivo alcançar o equilíbrio entre os interesses da prosperidade e da segurança.

- A implementação da utilização ambientalmente correta do espaço, observando a área protegida e a área de cultivo, bem como a preservação das áreas de construção histórica.

- Controlo do crescimento da cidade a sul, a fim de proteger a zona sul de Jacarta como área de captação de água.

Com base no conceito, visão e missão, verificou-se que, basicamente, o conceito de recuperação estava de acordo com o plano implementado em 1995, mas o conceito de desenvolvimento costeiro integrado não foi implementado. O plano de integração consiste na estruturação e gestão da praia costeira integrada, que utiliza uma abordagem intersectorial.

A recuperação não é basicamente a resposta mais adequada ao esforço de organização de uma zona costeira integrada (Gestão Integrada da Zona Costeira (GIZC)). A GIZC não encara a recuperação como um processo de gestão sustentável da zona costeira, porque literalmente a palavra recuperação é o processo de aumentar a área terrestre e reduzir a área oceânica. A GIZC é dinâmica com o objetivo de garantir o bem-estar das pessoas. Não são apenas os factores económicos que devem ser considerados, porque existem outros factores, como os aspectos sociais, culturais e, sobretudo, ambientais, que devem estar dentro dos limites estabelecidos pela dinâmica natural.

O processo de recuperação também tem impactos positivos e negativos significativos, por outras palavras, a recuperação não resolve imediatamente um problema, mas também cria um novo problema. Se calcularmos os impactos da recuperação maciça a longo prazo, o arranjo e a gestão da praia costeira integrada através da recuperação são muito inadequados.

1.2.3 Ecossistema dos mangais costeiros de Jacarta

As florestas de mangue são florestas que crescem principalmente em solos aluviais na área lamacenta e em torno do estuário que são afectados pela maré e é caracterizada pelas seguintes espécies de árvores: Avicenia, Sonneratia, Rhizophora, Bruguiera, Ceriops, Lumnitzera, Excoecaria, Xylocarpus, Aeiceras, Scyphpora e Nypa. Em seguida, o ecossistema de mangais é aquele em que as plantas componentes do ecossistema costeiro são os mangais, com a sua fauna caraterística e os seus habitats.

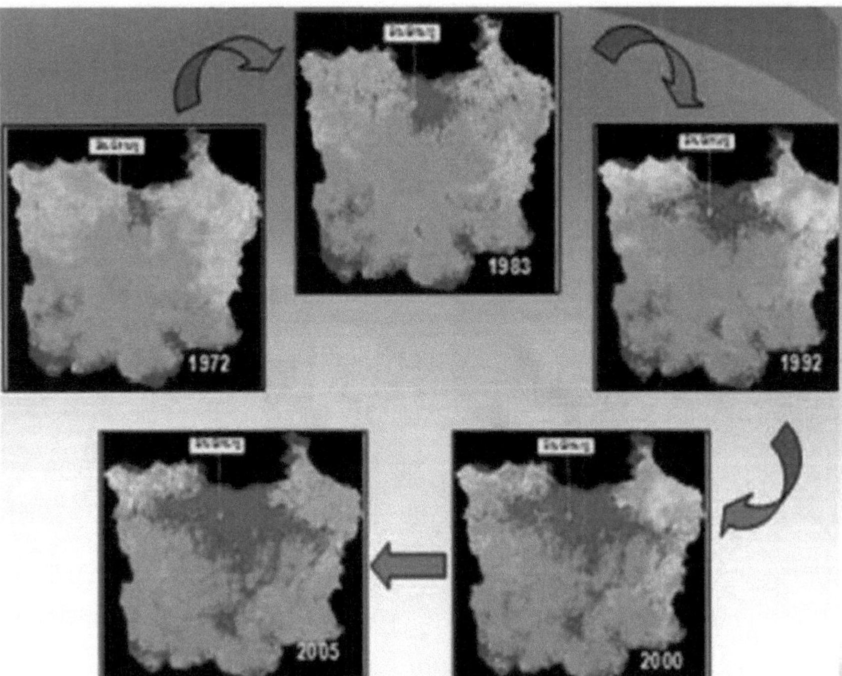

A área verde de Jacarta 1972-2005 (Sabar e Plamonia 2010)

Em 1996, o mangal remanescente encontrava-se na baía de Jacarta, em resultado da construção da zona de Pantai Indah Kapuk (PIK), que ocupa cerca de 322,6 hectares:

- Floresta protegida (mangais) 48,25 ha
- Reserva Natural de Muara Angke (Mangue) 21,45 Ha
- Floresta para turismo 91,37 ha

F Jardins de viveiros florestais 10,47 Ha

- Dreno de Cengkareng 29,05 Ha
- Linhas da rede de transporte (PLN) 29,99 Ha
- Estradas com portagem e cinturas verdes 91,37 ha

A restante área florestal de Angke Kapuk e o ecossistema de mangais protegidos (49,25 hectares) e as reservas naturais (Muara Angke) (21,45 hectares) foram criados para efeitos de proteção e conservação natural. O Governo tem-se preocupado com a proteção e conservação da natureza, como se pode verificar pela emissão de regulamentos que especificam que deve existir uma faixa de ecossistema de mangais protegidos como uma cintura verde com uma largura de 100-150 m ao longo da praia, e a partir destes regulamentos foi confirmado o estabelecimento da Reserva Natural de Muara Angke.

O estatuto de Cobertura Florestal Absoluta Protegida ao longo da linha costeira, com uma largura de 100-150 m, foi estabelecido com base no Decreto do Governador de Jacarta n.º Ba 15/13/70 e reafirmado pelo Decreto Presidencial n.º 32 de 1990 sobre Zonas Protegidas e pela Lei n.º 24 de 1992 sobre Ordenamento do Território. A reserva natural foi inicialmente decretada pelo Decreto n.º 24 de 1939 do governador das Índias Orientais Holandesas. A Reserva Natural de Muara Angke, que abrange uma área de 15,4 ha, foi criada com base no Decreto do Ministro da Agricultura n.º 161 / Kpts / Um / 6/1997. O objetivo da criação da Reserva Natural de Muara Angke é servir de zona de alimentação para aves migratórias e de habitat para os macacos de cauda longa.

1.2.4 Zonação dos mangais

A zonação é um fenómeno ecológico nas águas costeiras que são influenciadas pela maré. Esta influência pode levar ao desenvolvimento de uma comunidade distinta na zona costeira, uma das quais é a comunidade mangal. A comunidade mangal e o seu ambiente formam um ecossistema de mangais. O ecossistema pode estabelecer uma zonação em zonas costeiras tropicais e subtropicais que podem crescer bem ao longo da linha costeira, tais como lagoas, pântanos, deltas e estuários. De acordo com Bengen (2001), as zonações de mangais encontradas na Indonésia, do mar à terra, consistem em vegetação Avicennia associada a vegetação Sonneratia. As vegetações Rhizophora e Bruguiera situam-se no meio da zona de mangal, enquanto a vegetação Nypa se situa perto da terra, uma vez que esta é influenciada pela água doce.

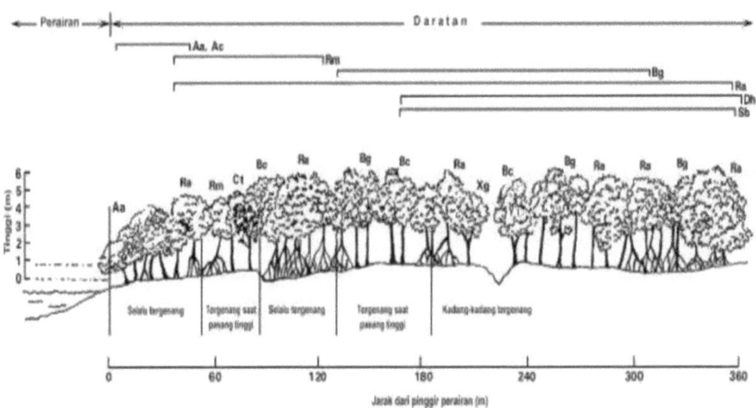

Zonação dos mangais na zona costeira

A Reserva Natural de Muara Angke é um mangal do delta do rio, onde as principais vegetações são Sonneratia caseolaris, acrostichum e Avicennia. Em geral, nas zonas de mangal de Muara Angke, os tipos de vegetação registados foram 47 espécies de 24 famílias. As espécies específicas de vegetação de mangue são: Avicennia alba, A.marina, A.mucronata, Sonneratia caseolaris, Thespesia populnea e Bruguiera gymnorrhiza.

Tal como a natureza das florestas de mangais em geral, os mangais em Muara

Angke são também um local de desova para vários camarões, peixes e outros animais marinhos. Os tipos de peixes que abundam habitualmente nas zonas incluem o gourami de três pontos ou gourami do pântano (Trichogaster trichoterus) e o meio-bico (Hemirhampodon pogonognats). Entretanto, vários tipos de moluscos incluem Arca Inflata, Anadara sp, Telina Ungulata e Mactra sp. ou Pellagicus e Scylla serrate.

1.2.5 Impacto da perda de mangais em Jacarta

O ecossistema dos mangais é difícil de avaliar através da análise económica convencional, o que tem levado muitas vezes à negligência da presença dos mangais nos cálculos de análise efectuados pelos planeadores. Isto deve-se principalmente a dois factores: (1) muitos dos serviços e bens que são originados pelo ecossistema de mangal são difíceis de avaliar, e (2) os serviços e bens que são produzidos estão fisicamente localizados fora do local. Entre os benefícios dos mangais que são difíceis de avaliar está a sua função de proteção costeira e de local de desova dos peixes / fonte de alimentação dos peixes. A existência e a importância das florestas de mangais só foram sentidas após a perda das florestas de mangais. Por exemplo, quando a produção pesqueira diminuiu após a destruição dos mangais no distrito de Bengkalis. A linha costeira de Marunda Jakarta deslocou-se continuamente devido à erosão causada pelo desaparecimento das florestas de mangue. A construção de tanques (para o cultivo de camarão ou de peixe-lácteo) destinava-se, de facto, a tirar partido da abundância nutricional/alimentar do mangal, embora convertendo o próprio habitat do mangal.

As actividades de recuperação por aterro alterarão a ecologia do ambiente dos mangais que satisfazem determinados requisitos de salinidade, marés e assoreamento. A retirada e a perda do ecossistema dos mangais teria um impacto na perda de função das florestas de mangais, tanto no que diz respeito à condição biológica como a outras. Impacto negativo direto nas florestas de mangais que estão atualmente espalhadas e ocorrem numa área muito limitada, ou seja, as florestas de mangais que estão localizadas ao longo da área do projeto Pantai Indah Kapuk, que tem o estatuto de floresta costeira protegida, e as florestas de mangais da Reserva Natural de Muara Angke.

A perda de ecossistemas de mangais na baía de Jacarta tem um impacto ecológico muito grave e, por sua vez, reduz o rendimento das pessoas cuja subsistência depende dos recursos marinhos. O impacto pode ser bem explicado tanto pela perda de funções ecológicas como pela perda de mangais em benefício das pessoas e do ambiente. Estas funções e benefícios podem ser explicados da seguinte forma:

- Energia e material, o ecossistema do mangal é um ecossistema aberto. A rotação aberta dos ingredientes no ecossistema dos mangais é determinada por factores físicos e biológicos que controlam a taxa de entrada e saída de compostos orgânicos e inorgânicos. Os factores físicos que desempenham um papel no ecossistema dos mangais incluem a maré diária, o escoamento superficial e a precipitação. Os processos biológicos que são essenciais para a renovação dos minerais no ecossistema dos mangais são as folhas caducas, a decomposição, a taxa de recuperação de minerais e as actividades de certos animais. O processo de decomposição que gera materiais orgânicos a partir de substratos orgânicos está incluído no processo de respiração na lama.

O mangal é um ecossistema altamente produtivo, mas apenas 7% das suas folhas são consumidas por herbívoros. A maior parte da produção dos mangais entra no sistema energético como detritos ou matéria orgânica morta. Estes detritos desempenham um papel muito importante na produtividade de todo o ecossistema dos mangais. A elevada produtividade dos mangais e a sua estrutura física e firmeza tornam-nos um habitat valioso para muitos organismos, alguns dos quais têm um importante valor comercial.

- O efeito das florestas de mangue estende-se muito para além dos limites da pesca do camarão. O carbono das árvores dos mangais encontra-se nas amêijoas comercialmente importantes, como o berbigão Andara granosa, nas ostras

Crasostrea, nos camarões Acetes, utilizados na produção de pasta de camarão, nos caranguejos Scylla serrata e em muitos peixes, como a tainha, o peixe-leite e a perca-gigante.

- Como componente protetor e estabilizador da linha de costa, onde ocorre a assimilação de resíduos, como principal local de velocidade do azoto e do enxofre. O papel dos compostos azotados e do enxofre é bastante significativo. Os resíduos domésticos e industriais que ficam presos na mata podem ser absorvidos pelos manguezais. Os mangais são capazes de absorver metais pesados, entre outros, hidrocarbonetos de origem petrolífera, elementos fenólicos e muitos outros. O lixo contribuirá como fonte de nitrogénio e enxofre, que intervêm bastante no processo de decomposição. Esta contribuição é muito significativa para a fertilidade das águas costeiras circundantes.

- Como aglutinante de lama na formação do terreno. Um exemplo óbvio é o papel da terra acumulada a jusante do rio Musi, em Palembang, que estava originalmente localizada na orla marítima e que hoje já se encontra a 80 km da costa. Foi referido que a velocidade de acumulação do terreno nesta zona era de cerca de 120 m por ano.

- É um habitat natural para várias espécies de animais selvagens, especialmente animais provenientes do continente, e é uma zona de viveiro para alguns animais aquáticos. As actividades de recreio e conservação estão intimamente relacionadas com o papel das florestas como habitat da vida selvagem. Vários deles têm um elevado valor económico, como é o caso dos alevins de peixe-leite e do camarão, que dependem fortemente da presença dos mangais para obterem alimento e como abrigo.

- Como terra onde os seres humanos realizam uma variedade de actividades. Tradicionalmente, os mangais não são habitados devido às dificuldades de obtenção de água doce, de transporte e ao facto de aí viverem muitas espécies nocivas (mosquitos, cobras, crocodilos, etc.). No entanto, os mangais também podem ser convertidos numa área de lazer com várias atracções: pesca, natação, passeios de barco, etc.

A importância do recurso mangal está centralizada nos produtos e numa variedade de conveniências e comodidades que podem ser fornecidas pelo ecossistema mangal tanto para os organismos existentes no ecossistema mangal como para os organismos que vivem fora do ecossistema mangal. Os produtos obtidos diretamente do ecossistema natural de mangais são bastante diversificados.

- Os frutos e as folhas de algumas plantas são consumidos localmente, como os frutos *da Avicennia offalis* e *da Bruguiera sexangula*, bem como de algumas outras espécies...

A Outra vantagem é a de ser um produtor indireto de mel, o que não é muito comum.

- As folhas das árvores de mangue são também utilizadas como forragem.

- Nalguns países, como a Venezuela e as Filipinas, os mangais são utilizados há muito tempo como local de lazer. Os turistas podem realizar muitas actividades, tais como passeios de barco a motor, pesca, banhos, mergulho e muitas outras que são normalmente realizadas quando se fazem excursões em terra.

CAPÍTULO 2

ESTRATÉGIA DE GESTÃO COSTEIRA DE JAKARTA

2.1 Cidade e água

2.1.1 Relação estreita entre a cidade e a água

A maioria das povoações antigas estava intimamente relacionada com as águas, quer se tratasse de rios ou de mares. Isto deve-se ao facto de a circulação de pessoas e mercadorias depender essencialmente do transporte marítimo. Durante séculos, as cidades portuárias desempenharam um papel importante no comércio e nas relações internacionais. Um porto era, portanto, uma parte importante de uma cidade. Era o centro da cidade, onde se desenvolviam as principais actividades. Os espaços públicos situavam-se à sua volta.

Os portos antigos estavam equipados com um passeio marítimo - uma área pavimentada à beira-mar - onde as pessoas passeiam e apreciam a cena do mar ou da margem oposta. Nas imediações do porto, encontravam-se frequentemente mercados e praças. Em muitas cidades antigas, as pontes também funcionam como locais públicos. A Ponte Vecchio, em Florença, e a Ponte Rialto, em Veneza, são exemplos populares deste tipo de ponte (Priatmodjo 1993).

2.1.2 Tendência para se manter afastado da água

Quando a indústria mundial estava a florescer, o papel de um porto na gestão das actividades de comércio internacional aumentou. Este facto teve como consequência a necessidade de construir mais instalações à sua volta. Os armazéns, as fábricas, as linhas de caminho de ferro e as estações bloquearam a área circundante do porto. Como resultado, os locais em redor do porto deixaram de ser confortáveis para as pessoas passearem e apreciarem a paisagem do rio ou do mar.

Além disso, a melhoria da tecnologia marítimo-transportadora teve outro impacto nos portos antigos. Os estaleiros existentes já não satisfaziam as exigências - nomeadamente em termos de dimensão - dos novos navios. A construção de um novo porto tornou-se uma necessidade. Esta era a situação dos principais portos do mundo no final do século XIX.

No início do século XX, quase todos os grandes portos já tinham sido deslocalizados. Os novos portos foram construídos em locais que permitem a instalação de navios modernos. Embora a maioria das actividades tenha sido removida, os portos antigos tornaram-se infra-estruturas obsoletas que não tinham funções significativas. Muitos deles ainda serviam pequenos navios ou foram convertidos em portos de pesca ou desportivos, mas muitos outros foram simplesmente abandonados.

Juntamente com o crescimento de uma cidade, foi normalmente construída uma via rápida adjacente à costa, como parte do anel rodoviário da cidade. Isto fez com que o porto e a sua área circundante ficassem isolados. A ligação entre a cidade e o rio ou o mar foi praticamente cortada. Os armazéns e os edifícios fabris abandonados à volta do porto estavam degradados. Não só eram inabitáveis, como também estavam notoriamente associados à criminalidade.

Todas estas causas fizeram com que as pessoas se afastassem do porto. Os centros das cidades deslocaram-se para as zonas interiores. O mesmo aconteceu com outros empreendimentos. Foram construídas habitações em grande escala nos subúrbios, por vezes até subindo as colinas. Durante décadas, a costa - e toda a sua atividade marítima - foi negligenciada (Priatmodjo 2003).

2.2 Desenvolvimento da orla marítima

Foi na década de 1960 que o projeto do Inner Harbor (em Maryland, Baltimore) foi executado. Um porto abandonado foi convertido num novo centro urbano. Tendo a vantagem da ausência de uma via rápida, a zona ribeirinha de

Baltimore conseguiu corresponder com êxito ao padrão da estrutura urbana existente. Foram criadas várias atracções públicas, incluindo uma "zona portuária" (um espaço público na orla marítima). Outros portos norte-americanos seguiram este sucesso. O "Festival Market Place" tornou-se uma caraterística popular em muitas frentes de água.

A partir da década de 1980, o desenvolvimento das zonas ribeirinhas tornou-se uma tendência internacional. Battery Park City em Nova Iorque, London Docklands, Porto e Aldeia Olímpica em Barcelona e Kop van Zuid em Roterdão são alguns dos principais projectos de zonas portuárias (Priatmodjo 2003).

Battery Park City, New York

Inner Harbor, Baltimore

(Priatmodjo 2003)

2.3 Batávia: Cidade à beira-mar

Em comparação com outras cidades de Java, ou mesmo da Indonésia, Batávia era especial porque a cidade foi muito bem planeada. O primeiro plano foi elaborado por Jan Pieterszoon Coen, depois de ter conquistado Jacarta em 1619. Foi considerado o fundador e "promotor" da Batávia. De acordo com o seu projeto, a cidade deveria estender-se do *Kasteel Batavia* para sul - na margem leste - sob a forma de uma cidade linear. Em dez anos, a cidade, tal como inicialmente planeada, ficou concluída.

O desenvolvimento posterior da cidade foi mais sofisticado. O plano baseava-se no conceito de "cidade ideal" elaborado por Simon Stevin. Consistia numa grelha perfeita ligada por canais e fortificada por muralhas ou baluartes. Este esquema foi também considerado como seguindo o princípio da tradicional *waterstad* (cidade aquática) neerlandesa, tal como aplicado em Amesterdão. Ao contrário de Amesterdão (grelha curva de ruas e canais), na Batávia as ruas e os canais foram alinhados numa grelha alongada rigorosa. Para o efeito, foi necessário proceder ao alinhamento do rio Ciliwung. Este tornou-se o principal canal da cidade, chamado *Kali*

Besar (significa "grande canal") (Priatmodjo 2003).

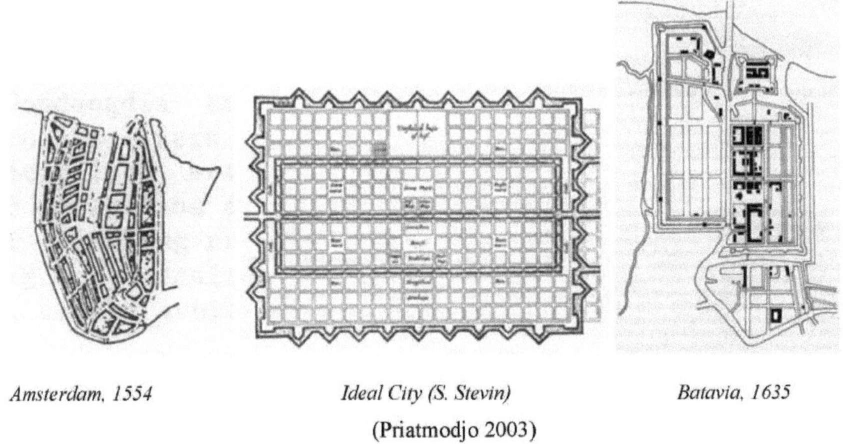

<table>
<tr><td>*Amsterdam, 1554*</td><td>*Ideal City (S. Stevin)*</td><td>*Batavia, 1635*</td></tr>
<tr><td></td><td>(Priatmodjo 2003)</td><td></td></tr>
</table>

2.4 Jacarta WaterFront City

Quando a capital da Batávia foi transferida para Weltevreden em 1850, a orla marítima foi negligenciada. A velha Batávia tornou-se uma estrutura obsoleta. Até o Kasteel Batavia foi demolido pelos próprios holandeses. O crescimento da cidade foi direcionado para sul. Após a independência, em 1945, a situação da orla marítima agravou-se ainda mais.

Foi em 1962 que começou a primeira tentativa de desenvolvimento da orla marítima. Um pedaço de terreno pantanoso em Ancol foi convertido num parque recreativo chamado "terra dos sonhos". A expansão do parque foi efectuada na década de 1980. O único parque à beira-mar de Jacarta, Ancol dreamland, privatizou o domínio público, uma vez que todos os visitantes têm de pagar uma taxa de entrada para entrar no parque. Um antigo cemitério inglês não foi corretamente integrado no parque. Além disso, o parque não estava ligado de forma satisfatória aos transportes públicos da cidade.

O desenvolvimento da orla marítima teve lugar na década de 1980, quando foi construído o projeto Pantai Mutiara. As habitações à beira-mar foram construídas em ilhas e línguas de terra, resultantes da recuperação do mar. Mais uma vez, a privatização da orla marítima foi efectuada, uma vez que não existia praia pública. O projeto também carecia de contexto urbano.

Pantai Indah Kapuk, no lado ocidental de Pantai Mutiara, foi construída no início da década de 1990. O desenvolvimento ainda está em curso atualmente. Um pântano muito grande foi convertido numa nova cidade, equipada com uma zona comercial e habitações de classe alta. A homogeneidade dos habitantes provocou um fosso social. É também acusada de ser a causa das inundações na zona. Tanjung Priok é o principal porto de Jacarta. Foi construído na década de 1920 como um novo porto que substituiu o Sunda Kelapa. Na década de 1980, foi realizado um projeto de expansão do porto. No entanto, uma bela estação ferroviária foi negligenciada, enquanto outro edifício histórico - o Yacht Club - foi demolido.

Estes desenvolvimentos tornaram a frente marítima de Jacarta fragmentada e privatizada. No início da década de 1990, foi elaborado um plano mais integrado para a orla marítima. É o chamado plano para a "Jakarta Waterfront City". O plano abrange uma área de 2.700 hectares, ao longo de 32 km de costa marítima. Metade do terreno está planeado para ser recuperado do mar (Priatmodjo 2003).

A zona de Sunda Kelapa é a parte mais antiga da cidade, uma vez que o nome Sunda Kelapa, enquanto cidade portuária do Reino de Pajajaran, é conhecido desde o século XII. Com o resto dos edifícios e locais históricos, a zona foi remodelada como uma nova zona comercial. A falta de infra-estruturas da cidade faz com que o desenvolvimento não corra bem.

O planeamento do desenvolvimento estratégico e físico da Cidade da Frente de Água de Jacarta inclui o ambiente físico e o planeamento espacial, a conceção da cidade, as instalações da cidade, as infra-estruturas urbanas, o desenvolvimento e o planeamento social, o planeamento técnico da recuperação, os transportes, a gestão ambiental e a estratégia de recuperação do património urbano.

Do ponto de vista administrativo, a situação das cidades costeiras encontra-se na era da autonomia regional e existe uma tendência para que cada uma das regiões autónomas desempenhe um papel mais importante na gestão e utilização do seu território. Esta situação poderá suscitar conflitos de interesses e a sobreposição de intervenientes inter-sectoriais e outros na gestão e utilização das cidades costeiras. Esta condição surge como consequência da diversidade dos recursos costeiros existentes, bem como das caraterísticas das zonas costeiras, de modo a encorajar as zonas costeiras de acesso livre a tornarem-se um dos locais-chave para as actividades de vários sectores de desenvolvimento (utilização múltipla).

Fisicamente, as cidades costeiras na Indonésia desempenham o papel de centro de serviços para as actividades socioeconómicas, nas quais existe uma variedade de bens sociais e económicos com valor económico e muito dinheiro envolvido. Mas a construção da cidade costeira tem potenciais impactos ambientais resultantes das actividades de construção em terra, como a agricultura, a plantação, a silvicultura, a indústria, a colonização e outras. O mesmo acontece com as várias actividades realizadas no mar, como a perfuração de petróleo em alto mar e a navegação. Poluição causada por actividades industriais, domésticas e agrícolas em terra (fontes de poluição de origem terrestre), bem como em resultado de actividades no mar (fontes de poluição de origem marinha), incluindo o transporte marítimo e os navios-tanque, a exploração mineira e a energia offshore.

Do ponto de vista económico, as cidades costeiras contribuíram significativamente para o PIB nacional. Além disso, nesta região existem também recursos que não estão desenvolvidos de forma óptima, como a pesca e os investimentos conexos. Mas a pobreza das comunidades costeiras pode agravar a pressão sobre a utilização dos recursos costeiros e tornar-se incontrolável. Esta situação agrava-se ainda mais devido à falta de clareza do quadro jurídico, ao nível de educação e ao facto de o bem-estar das pessoas ser ainda baixo, o que leva a uma utilização excessiva dos recursos biológicos marinhos (sobre-exploração).

Do ponto de vista político, de defesa e de segurança, a maior parte das cidades costeiras situa-se também nas fronteiras do país ou entre zonas sensíveis e com implicações para a defesa e a segurança do Estado Unitário da República da Indonésia (NKRI). O desenvolvimento desigual, as instalações e as infra-estruturas e a falta de supervisão tornam estas zonas propensas a actividades ilegais e crimes transnacionais, como o tráfico de seres humanos, o contrabando de armas, o tráfico de droga, o branqueamento de capitais, os imigrantes ilegais e outros.

Com base na observação geral sobre as questões e problemas que surgem frequentemente na cidade costeira de Jacarta do Norte, como a erosão, a degradação ambiental, a extinção dos ecossistemas marinhos e costeiros, a sedimentação, a poluição, as inundações, o declínio da qualidade ambiental e a questão mais recente da subida do nível da água do mar em 2050, a cidade costeira de Jacarta do Norte é geralmente desenvolvida sem ter em conta a identidade, bem como a falta de atenção ao equilíbrio entre as necessidades de desenvolvimento e a sustentabilidade ambiental.

O desenvolvimento desequilibrado deve-se basicamente ao facto de a cidade de Jacarta do Norte ser um local com elevado potencial económico, com recursos naturais potenciais, bem como com o potencial valor estético que possui. Para além disso, a cidade de Jacarta Norte tem também caraterísticas únicas, diferentes das outras cidades da região de Jacarta, que dominam sobretudo a área terrestre. Os recursos naturais da cidade de Jacarta do Norte, especialmente os das zonas costeiras e do mar, são dinâmicos e a natureza proprietária do mar é uma propriedade comum. Estes factores fazem com que a cidade de Jacarta do Norte, e em particular as suas zonas costeiras e o mar, se tornem uma área que pode ser utilizada para várias actividades (multiutilização). Esta realidade é um fator importante para o surgimento de conflitos de utilização entre as partes interessadas, bem como entre os sectores com acesso ao desenvolvimento das zonas costeiras e marinhas no Norte de Jacarta.

Em geral, a cidade costeira da Indonésia tem potencial para ser um centro de biodiversidade do mundo marinho tropical, uma vez que quase 30% dos mangais e recifes de coral do mundo estão localizados na Indonésia. Devido à ameaça de subida do nível do mar em resultado do aquecimento global, o fenómeno que poderá ter um impacto grave deve ser antecipado, incluindo a costa de Jacarta do Norte. A subida do nível do mar terá os seguintes impactos

a) O aumento da frequência e da intensidade das inundações,

b) As alterações nas correntes oceânicas e os danos generalizados nos mangais,

c) A intrusão mais generalizada de água do mar,

d) A ameaça às actividades socioeconómicas das comunidades costeiras, e

e) A redução da superfície da terra ou o desaparecimento das pequenas ilhas.

O facto de a área de mangais no Norte de Jacarta ter vindo a diminuir continuamente é algo que não era esperado. Além disso, a existência de mangais não tem sido mantida desde que foram substituídos por outras utilizações, como o gigantesco projeto de recuperação da costa norte de Jacarta; por conseguinte, a ocorrência de erosão costeira, o aumento do nível de poluição dos rios que entram no mar devido à ausência de filtros de poluentes e a destruição de zonas de aquacultura estão ameaçados.

O início da cartografia planeada da Costa Norte de Jacarta, em 1996, foi mais integrador e abrangente. Trata-se de um sistema de desenvolvimento mais amigo do ambiente, porque teve em conta interesses alinhados com outros interesses, a ligação entre um fator ambiental e outros factores ambientais e outras questões que podem surgir no futuro. O mapeamento da costa norte de Jacarta é conhecido como o desenvolvimento da cidade à beira-mar de Jacarta (Jakarta Water Front City).

A cidade da orla marítima de Jacarta é essencialmente um desenvolvimento integrado da orla marítima que inclui a renovação, o arranjo e a construção da costa, como o processo de lidar com problemas urbanos muito maiores. Por exemplo, o controlo da ocupação da orla marítima, o tratamento de resíduos, a regulamentação dos problemas de eliminação de resíduos e os problemas sociais que estão intimamente relacionados com a vida dos pescadores e o estado de saúde pública em torno da costa. *A cidade da orla marítima de Jacarta* é um conceito baseado no desenvolvimento dos recursos marinhos e haliêuticos, uma vez que está altamente relacionado com a vida dos pescadores.

Atualmente, a situação objetiva da costa norte de Jacarta é uma preocupação real e a degradação do ambiente e das infra-estruturas existentes ocorre continuamente. O número de pescadores e a sua fixação continuam a crescer, pelo que as instalações têm de ser melhoradas. Os mangais estão cada vez mais miseráveis e continuamente danificados, deixando de ser o local de desova dos peixes. O lixo acumula-se nos 13 rios que correm para a costa e as margens estão cheias de casas construídas sem autorização. Os transportes, a água potável, a cidade antiga, que é um potencial turístico, são todos problemáticos.

Como cidade costeira que é uma área estratégica, Jacarta Norte precisa de ser desenvolvida como *Jakarta Waterfront City,* que tem como principal objetivo revitalizar e melhorar os meios de subsistência das comunidades costeiras, incluindo os pescadores. A costa também precisa de ser reorganizada para o bem-estar da comunidade, para potenciar as vantagens económicas da costa, tais como o turismo, a indústria, os portos, as praias para o público, bem como para a colonização. Em vez disso, a gestão costeira deve combinar uma variedade de abordagens que vão do teórico ao pragmático para atingir os objectivos da própria gestão. A gestão costeira tem como principal função gerir todas as actividades nas zonas costeiras no âmbito de um quadro de gestão previamente concebido (Kay e Adler, 1999).

Plano para a Cidade da Frente de Água de Jacarta

(Priatmodjo 2003)

2.4.1 Princípios da cidade de Jacarta à beira-mar

Limitada pela água, a cidade da orla marítima de Jacarta tem o desafio de utilizar os terrenos limitados, protegendo simultaneamente os recursos naturais críticos dos efeitos potencialmente nocivos do ambiente. *A cidade da orla marítima de Jacarta* deve considerar os problemas globais ao gerir os recursos da terra e do mar.

Algumas das questões que se tornaram um princípio na *cidade da orla marítima de Jacarta* são:

- Flexibilidade para enfrentar os riscos naturais e as alterações climáticas

A cidade da orla marítima de Jacarta tem de estar preparada para responder e recuperar dos riscos devidos ao tempo e ao clima. A incerteza quanto à forma como o clima irá mudar não deve ser excluída na proteção do ambiente e das infra-estruturas. O planeamento de infra-estruturas e as infra-estruturas com os princípios do crescimento *inteligente* przwczpa/' farão investimentos eficientes sob a forma de edifícios e outras infra-estruturas, para proteger e recuperar áreas ambientais críticas e para proteger a saúde pública. Os esforços para aplicar estes princípios em qualquer projeto de desenvolvimento devem ter explicitamente em conta os riscos naturais, incluindo o impacto potencial das alterações climáticas. A resiliência às catástrofes naturais, como a subida do nível do mar, está intimamente relacionada com a determinação da localização e da conceção do desenvolvimento verde e das infra-estruturas de apoio. *Sistemas naturais bem planeados e bem mantidos* podem ajudar a proteger a *cidade da orla marítima de Jacarta de* muitas formas. Por exemplo, a planície de inundação natural pode atuar como um tampão protetor para absorver a água das cheias, reduzindo a velocidade e o número de cheias, controlando a erosão, protegendo o abastecimento de água potável e a qualidade da água e actuando como isolamento de edifícios e ruas contra danos.

- Resistente aos efeitos combinados do desenvolvimento

A zona costeira é uma zona que recebe os efeitos cumulativos a jusante e secundários do desenvolvimento das zonas a montante. Por exemplo, a construção de povoações e a construção de estradas nas terras altas da bacia hidrográfica costeira podem causar impactos costeiros cumulativos e secundários, tais como a redução do fluxo de água doce para a zona costeira, a degradação da qualidade da água estuarina e o aumento da poluição atmosférica devido ao aumento do tráfego. O impacto de um único projeto de desenvolvimento pode ser pequeno, mas quando combinado com todos os outros impactos de desenvolvimento na bacia hidrográfica, esses impactos podem ameaçar a zona costeira e os recursos e a qualidade de vida na zona em causa. Por conseguinte, a política *da cidade da orla marítima de Jacarta* deve ter precedência, regulando o crescimento e o desenvolvimento ao longo da via navegável que seja sensível à vulnerabilidade do ambiente e protegendo os valiosos bens urbanos.

B Construção de um Paradigma de Preservação do Ambiente Costeiro

O governo, através da participação da comunidade, deve ser capaz de incentivar a sensibilização do público de forma regenerativa para a importância de manter o ecossistema do ambiente costeiro. A sociedade deve entender que o litoral e o mar como propriedade comum é um direito mútuo. Este paradigma deve ser uma doutrina de confiança pública, incluindo através da escavação da história cultural e do orgulho da nação, porque este paradigma é o fator-chave que afecta a participação da comunidade na promoção e manutenção do desenvolvimento costeiro e da costa *da cidade de Jakarta Waterfront.*

- Proteção jurídica através de leis e regulamentos locais

As políticas e os programas não sobreviveriam sem o apoio das leis e dos regulamentos locais aplicáveis. As questões interiores e costeiras são muito complexas, porque necessitam de uma proteção jurídica flexível e dinâmica e, ao mesmo tempo, devem ser suficientemente fortes na gestão da utilização dos solos, na preservação do ambiente e no incentivo ao desenvolvimento de infra-estruturas.

2.4.2 Estratégia de desenvolvimento

A estratégia de desenvolvimento da cidade da orla marítima de Jacarta é a seguinte:

a) O desenvolvimento da cidade à beira-mar de Jacarta baseou-se no desenvolvimento económico dos recursos marinhos,

b) A cidade da orla marítima de Jacarta foi considerada como um dos principais motores que têm múltiplos impactos na revitalização de várias funções já existentes e espera-se que se torne um meio para o desenvolvimento de novas funções

c) A atenuação e a adaptação à subida do nível do mar estão alinhadas com essas funções.

d) A socialização e a informação sobre a importância de compreender a cidade da orla marítima de Jacarta serão implementadas através de programas de capacitação da comunidade,

e) A cidade da orla marítima de Jacarta apoiará os mais amplos esforços para conservar o ambiente e a função ecológica da vida marinha.

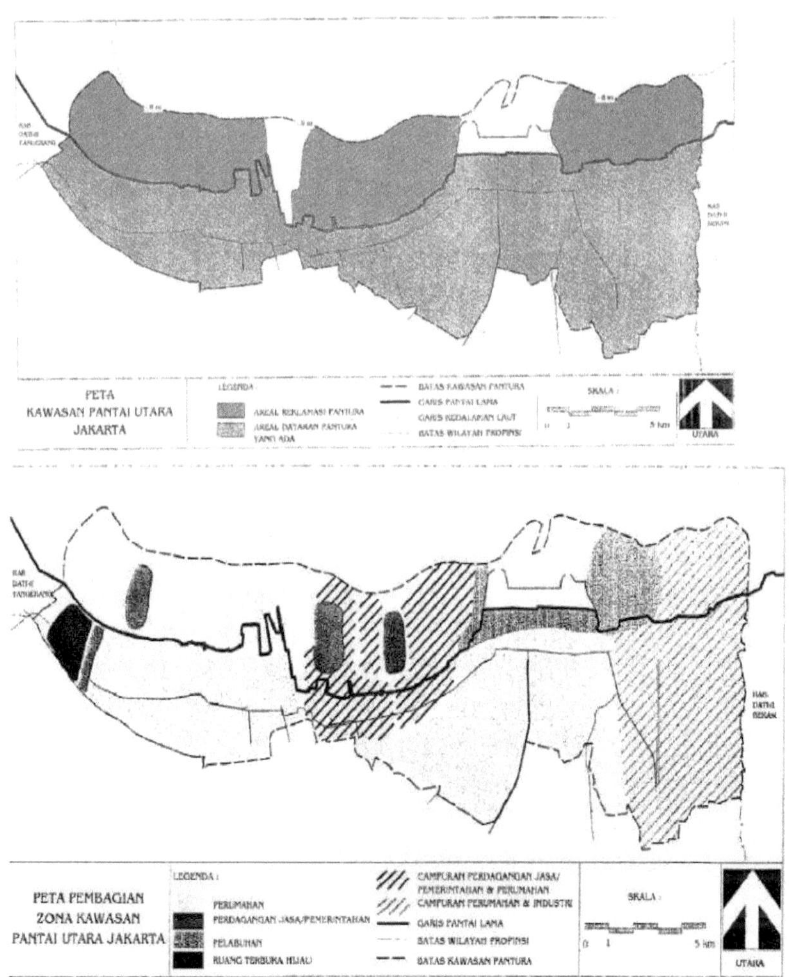

Recuperação da costa norte de Jacarta

2.5 Parede do mar de Garuda

Nos últimos anos, Jacarta tem sido atingida por inundações que ocorrem frequentemente no pico da estação das chuvas, devido à péssima gestão das infra-estruturas e da água, o que provocou a deslocação temporária de dezenas de milhares de pessoas em janeiro (o pico da estação das chuvas na Indonésia). O nível do solo de Jacarta desce entre 7,5 e 14 centímetros por ano devido à extração incontrolável de água subterrânea em combinação com a pressão exercida pelos arranha-céus de Jacarta.

Todos estes factores põem em perigo o bem-estar das gerações futuras ou, pelo menos, exigem a deslocação de mais de 4 milhões de pessoas, uma vez que a zona norte de Jacarta se afundará gradualmente no mar se não forem tomadas medidas imediatas (a população total de Jacarta é atualmente de cerca de 10 milhões de pessoas). Nos próximos 50 anos, prevê-se que o nível do mar se situe a uma altura de três a cinco metros da altura média das ruas de Jacarta. Em 2025, prevê-se que o volume das cheias dos rios aumente, porque a maior parte dos rios deixará de correr de acordo com a lei da gravidade para fluir a jusante para o mar.

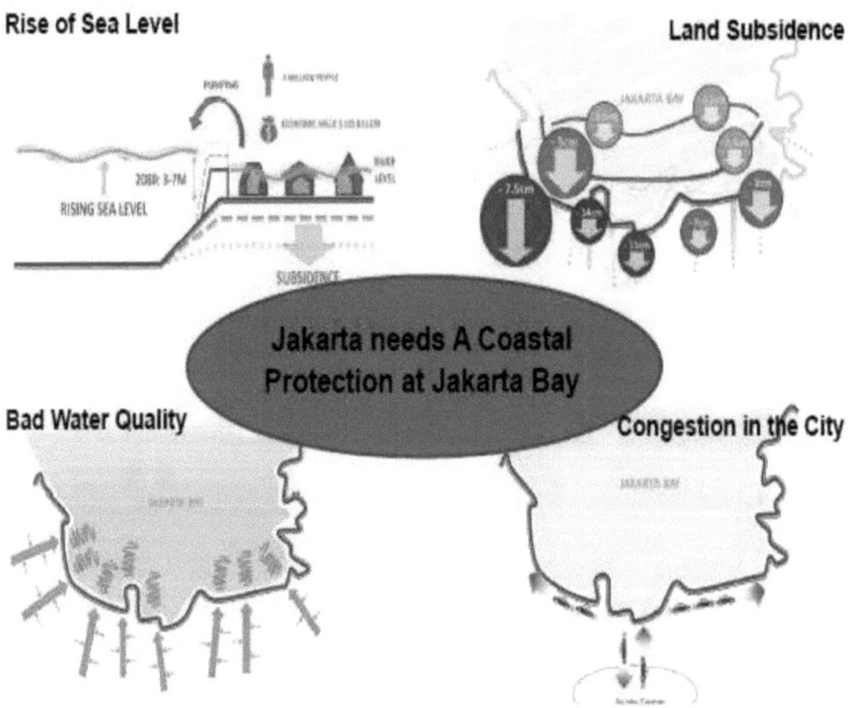

Início da proteção costeira de Jacarta

2.5.1 Conceito geral da muralha gigante do mar

O conceito de um muro marítimo gigante foi bem acolhido pelos grandes empresários de Jacarta, que mais tarde formaram o consórcio para a recuperação da costa norte de Jacarta.

Um dos membros do grupo empresarial afirmou que dezenas de grandes conglomerados empresariais, juntamente com o governo local que governava antes da era Jokowi, conseguiram transformar em lei um plano de recuperação da costa norte de Jacarta, com a ajuda do governo neerlandês, que enviou consultores dos Países Baixos para se envolverem neste plano e, finalmente, nasceu o conceito de recuperação e de um muro marítimo gigante que se assemelha ao Garuda, o símbolo nacional indonésio.

Com base no conceito dos consultores neerlandeses, que são apoiados por um grupo de grandes empresas, serão (e até já começaram na zona de North Pluit) dados os seguintes passos:

- A primeira coisa a fazer é a recuperação do mar através da formação de pequenas ilhas, que serão transformadas em zonas residenciais e comerciais.
- Uma vez formadas as ilhas, as ilhas artificiais mais exteriores serão ligadas para formar um dique. Em seguida, os diques contíguos formarão um grande aterro ou um muro marítimo gigante que libertará Jacarta da ameaça de inundações.
- O novo porto será igualmente construído de modo a deixar de depender do porto de Tanjung Priok.
- Por cima dos diques e das ilhas recuperadas será construída uma autoestrada que contornará a cidade de Jacarta. Além disso, espera-se que os congestionamentos e os engarrafamentos na cidade de Jacarta sejam reduzidos.

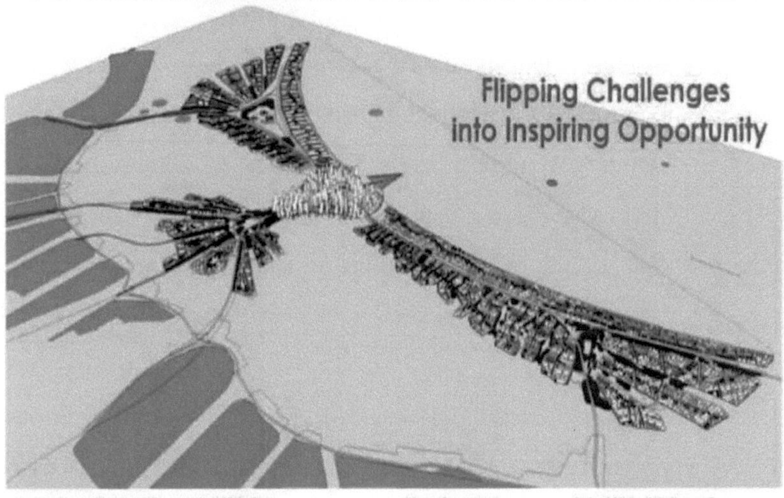

Land reclamation: 3.150 ha	Real estate footprint	: 14.170.000 m2
Residents : 1.800.000		
Daily working : 2.650.000	FS	: +/- 3,9
Buildable : 45%	Total sqm	: +/- 55.000.000 m2

O gigantesco plano de muralha marítima e de recuperação da costa de Jacarta Norte, tal como proposto pela Netherlands Consultants.

(Fonte: http://www.waterfrontsnl.com/project-jakarta/)

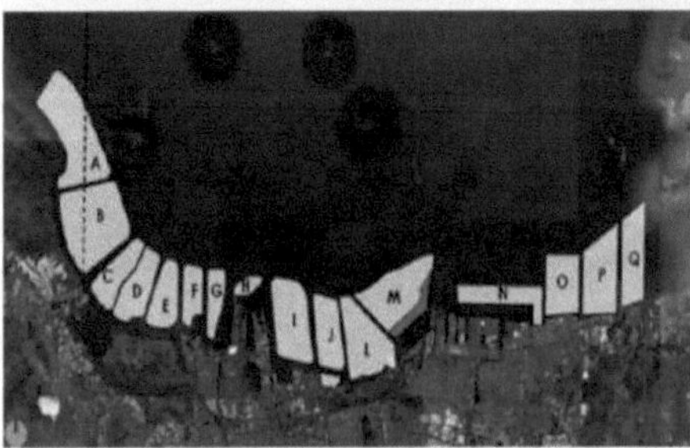

O esperado conceito de muralha gigante do mar

John Wirawan at al. 2013

Para além do problema das dificuldades de desenvolvimento, o conceito do muro gigante é, de facto, um bom conceito. No entanto, a execução deste projeto demorará certamente décadas e, durante a recuperação para formar ilhas, os habitantes de Jacarta continuarão a sofrer inundações, que poderão até piorar, porque as águas das cheias serão novamente conduzidas para o oceano. Entretanto, os promotores imobiliários beneficiarão significativamente, o que é comprovado pelos anúncios que fazem das suas propriedades uma zona livre de inundações. Embora não o digam, é claro que estes promotores imobiliários ficariam mais satisfeitos se as habitações em Jacarta fossem novamente inundadas, o que levaria as pessoas a mudarem-se para as suas propriedades e os promotores poderiam continuar a aumentar os preços das propriedades. Em muitos sítios, os anúncios dizem que, no próximo mês, o preço dos imóveis aumentará vários milhares de milhões de rupias. Anúncios que, quer se apercebam quer não, despertam a inveja da classe média baixa, o que pode transformar-se num perigo.

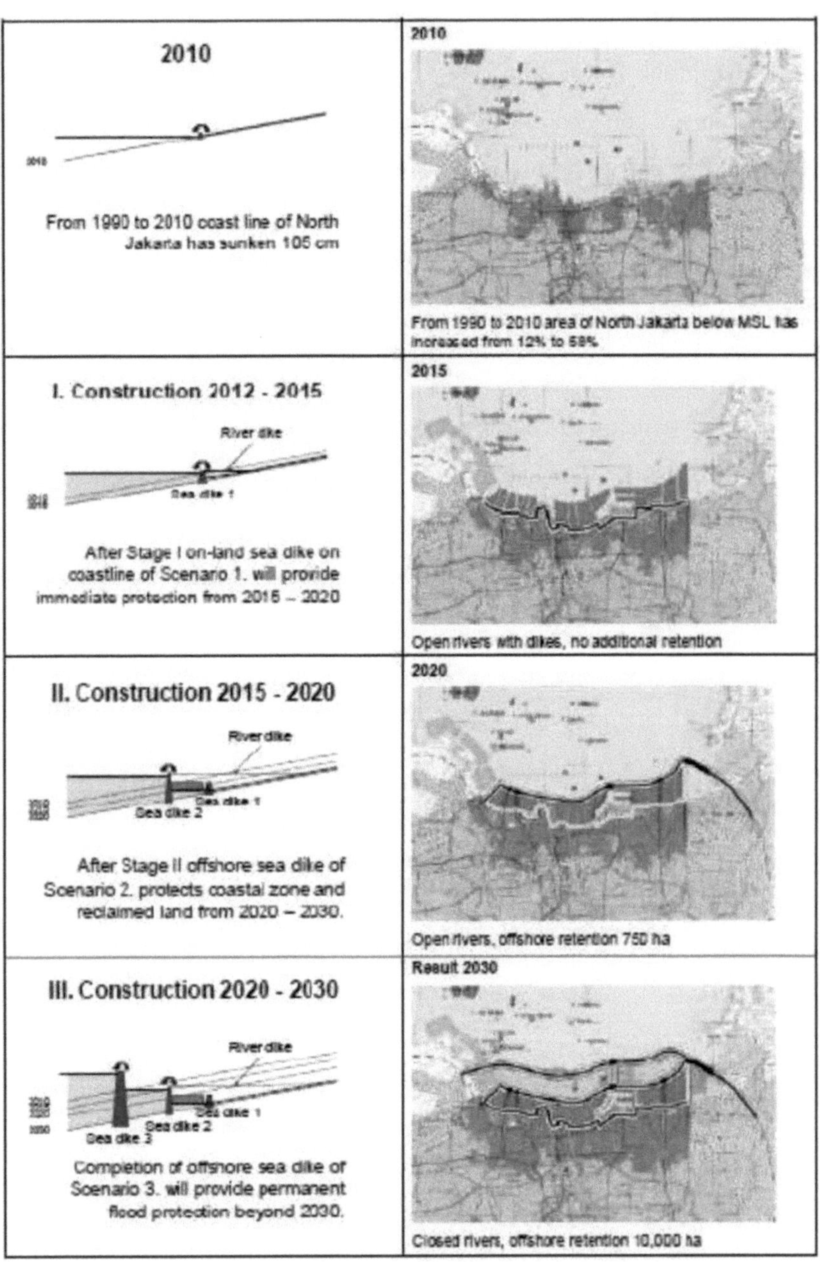

O desenvolvimento de um sistema de defesa contra as inundações costeiras, alternativas combinadas e faseadas (Muslim Muin)

Reconhecendo as deficiências da proposta acima referida, um grupo de peritos constituído por peritos do sector privado e peritos académicos (um conjunto de professores de universidades e institutos de renome) concebeu o conceito de que o essencial é construir uma grande barragem na costa de Jacarta do Norte, mas com um desenvolvimento mais amigável para o público. O plano mais simples da barragem é apresentado na figura seguinte.

Plano de aterro e reservatório de grandes dimensões de Jacarta proposto por peritos

nacionais

(John Wirawan at al. 2013)

O grande plano proposto pelos peritos nacionais do país tem a seguinte sequência de construção:

-Construção de   um grande aterro no lado exterior do dique com uma largura de crista de 1 km. Ao longo do dique será construída uma autoestrada e estradas de apoio. À direita e à esquerda será vendida e construída uma área comercial/ industrial/ residencial.

-Durante a   estação seca, a água do mar retida entre o dique e a costa de Jacarta é bombeada até uma altura de 3 m, pelo que a água das cheias durante a estação das chuvas pode ser retida no reservatório formado e Jacarta ficará automaticamente livre de cheias.

-Os rios de Jacarta não têm poluição nem lixo, de modo que a água que chega ao reservatório é relativamente limpa e, com o tempo, será obtido   um grande volume de água doce. A água do reservatório pode ser gerida de modo a satisfazer as necessidades de água da indústria populacional de Jacarta.

-O abastecimento adequado   de água potável permite proibir fortemente a bombagem de águas subterrâneas. Assim, será possível pôr termo ao afundamento das terras devido à bombagem de águas subterrâneas.

-Ao mesmo tempo, a costa de Jacarta Norte pode ser recuperada e construída.

B Para além de uma fonte de água potável, a zona da albufeira pode também ser utilizada como turismo náutico e como fonte de receitas públicas.

Os peritos nacionais consideram que este segundo conceito proporcionará melhores resultados às autarquias locais e aos serviços conexos. A questão é que os grupos que trabalham com este autofinanciamento para lutar por este conceito não podem ser integrados no conceito que foi anteriormente gerido pelos consultores dos Países Baixos.

2.5.2   Impacto da muralha gigante do mar

Análise de Impacto Ambiental e desafios dos problemas geotécnicos enfrentados

A viabilidade de um plano de diques de grandes dimensões tem de ser estudada cuidadosamente, sob vários aspectos, como o socioeconómico, o hidrológico e hidráulico, o transporte e a vida marinha, e tem de ser abordada com seriedade. Planear no papel é fácil, basta desenhá-lo. No entanto, os engenheiros geotécnicos devem saber e reconhecer que a recuperação do mar e a construção de grandes diques enfrentarão muitos desafios em termos de problemas geotécnicos, incluindo

- O solo marinho argiloso e macio da costa de Jacarta do Norte, onde serão construídos a recuperação e o dique, pode causar problemas de estabilidade e subsidência a longo prazo.

- O empilhamento de materiais de construção, sobretudo quando se utiliza areia, associado ao potencial sismo, pode originar problemas de liquefação que, por sua vez, podem resultar no afundamento das ilhas recuperadas.

Os problemas acima referidos não são fáceis de ultrapassar. É necessário um engenheiro geotécnico competente para planear e realizar os melhoramentos necessários no solo, desde a técnica de pré-carga com dreno vertical, à compactação dinâmica, às técnicas de vibro-compactação e outras. Sem o planeamento, a execução e a supervisão das autoridades competentes, haverá certamente um enorme prejuízo no futuro.

Uma das habitações de luxo resultantes da recuperação do Norte de Jacarta nos anos 90 é uma prova disso, uma vez que o planeamento e a execução menos rigorosos resultaram na construção de mansões abaixo do nível do mar, tendo sido forçado a criar um dique em torno do complexo de mansões.

2.5.3 Potenciais conflitos enfrentados

- Médias de descarga de 200 m3 / s
- Preço da eletricidade Rp 1400 por KwH
- Custo anual da eletricidade da bomba 241 mil milhões de rupias (24 milhões de dólares)
- Custo do tratamento da água Rp 1000 por m3
- Custo total por ano do tratamento da água 6 biliões de rupias (600 milhões de dólares)
- Quem vai pagar?... 60 mil pessoas que vivem na nova área recuperada???

Issue	Remarks	Estimated Impact
Public Consultation	Fishermen's representatives said that they have never been informed and involved in the GSW project planning	Social conflicts, eviction of 16,855 fishermen
Environmental Degradation	GSW project is believed to be further exacerbate the pollution in the Bay of Jakarta, also destroy the remaining mangrove ecosystems and coral reefs	If the coastal ecosystem is damaged, there will no longer fish found along the coast so it will increase the fishing costs and risk.
Resource Access	The coastal communities have a fundamental right to access the coastal natural resources. But it is blocked by land allotment activities along the beach and reclamation activities that are part of the GSW project.	Fisherwomen as the backbone of the traditional fishing activities on the coast of North Jakarta will be more miserable.
Fishermen Relocation	Solutions to move fishing village to flats stand against fishermen interests. The **construction of the canal as the "passing road"** for fishermen to go fishing will interfere the existence of fish resources in North Jakarta.	Fishermen should live not far away from the sea, by relocating them to the flat towers would mean kill them.
Pollution	The absence of a comprehensive study of the environmental impact analysis make GSW project potentially pollute the environment even more than the supply of fresh water.	The lowing river flows will speed up the decomposition process of water so that will transmit the disease to the fishing community.

Fonte: Centro de Informação e Dados Kiara

CAPÍTULO 3

CONCLUSÃO

Jacarta é uma cidade metropolitana, também conhecida como a Região Especial da Capital de Jacarta e Jacarta é a capital da República da Indonésia. A metrópole tem uma área total de aproximadamente 66.094 ha. Jacarta tem muitos problemas na gestão das zonas costeiras. Os problemas que surgem com o progresso do desenvolvimento da cidade, particularmente após a recuperação da costa norte de Java. Os danos que foram causados pela perda do ecossistema dos mangais, bem como pela maré cheia que atingiu a cidade, e uma subsidência do nível do solo.

Os peritos em gestão costeira têm vindo a formular muitas estratégias para a gestão das zonas costeiras de Jacarta. Os conceitos de gestão das zonas costeiras de Jacarta não foram concebidos apenas para o benefício de alguns anos, mas de décadas. Assim, Jacarta necessita de conceitos de gestão costeira que possam reduzir os problemas existentes e os potenciais problemas no futuro.

O primeiro conceito de gestão das zonas costeiras de Jacarta, a saber, a cidade da orla marítima de Jacarta, era essencialmente um desenvolvimento integrado da orla marítima que incluía a renovação, o arranjo e a construção da costa, como um processo para lidar com problemas urbanos muito maiores. Por exemplo, o controlo da ocupação da orla marítima, o tratamento de resíduos, a regulamentação dos problemas de eliminação de resíduos e os problemas sociais que estão intimamente relacionados com a vida dos pescadores e o estado de saúde pública em torno da costa. A cidade da orla marítima de Jacarta é um conceito baseado no desenvolvimento dos recursos marinhos e haliêuticos, uma vez que está altamente relacionado com a vida dos pescadores.

Como cidade costeira que é uma área estratégica, Jacarta Norte precisa de ser desenvolvida como Jakarta Waterfront City, que tem como principal objetivo revitalizar e melhorar os meios de subsistência das comunidades costeiras, incluindo os pescadores. O litoral também precisa de ser reorganizado para o bem-estar da comunidade, para potenciar as vantagens económicas do litoral, como o turismo, a indústria, os portos e as praias para o público, bem como para a fixação.

O segundo conceito é a construção de uma muralha gigante que se assemelha a Garuda, o símbolo nacional da Indonésia, com os seguintes passos:

- A primeira coisa a fazer é a recuperação do mar através da formação de pequenas ilhas, que serão transformadas em zonas residenciais e comerciais.

- Uma vez formadas as ilhas, as ilhas artificiais mais exteriores serão ligadas para formar um dique. Os diques contíguos formarão então um grande aterro ou um muro marítimo gigante que libertará Jacarta da ameaça de inundações.

- O novo porto será construído de modo a deixar de depender do porto de Tanjung Priok.

Nos diques e nas ilhas recuperadas será construída uma autoestrada que contornará a cidade de Jacarta. Além disso, espera-se que os congestionamentos e os engarrafamentos na cidade de Jacarta sejam reduzidos.

- Construção de um grande aterro no lado exterior do dique com uma largura de crista de 1 km. Ao longo da parte superior do dique será construída uma autoestrada e estradas de apoio. À direita e à esquerda será vendida e construída uma área comercial/ industrial/ residencial.

- Durante a estação seca, a água do mar retida entre o dique e a costa de Jacarta é bombeada até uma altura de 3 m, pelo que a água das cheias durante a estação das chuvas pode ser retida no reservatório formado. E Jacarta ficará livre de inundações.

- Os rios de Jacarta não têm poluição nem lixo, pelo que a água que chega ao reservatório é relativamente limpa e, com o tempo, será obtido um grande volume de água doce. A água do reservatório pode ser gerida de modo a satisfazer as necessidades de água da população industrial de Jacarta.

- O abastecimento adequado de água potável permite proibir fortemente a bombagem de águas subterrâneas. Consequentemente, é possível pôr termo ao afundamento das terras devido à bombagem de águas subterrâneas.

- Ao mesmo tempo, a costa de Jacarta do Norte pode ser recuperada e construída.

- Para além de uma fonte de água potável, a zona da albufeira pode também ser utilizada como turismo náutico e como fonte de receitas públicas.

Os peritos nacionais consideraram que estes dois conceitos proporcionariam melhores resultados porque utilizam basicamente o conceito de estratégia de desenvolvimento respeitador do ambiente (Estratégia de Civilização Verde).

CAPÍTULO 4

REFERÊNCIA

[1] Abidin H.Z, Djaja R., D. Darmawan, Songsang R. (2006), Study of land subsidence in Jakarta and Bandung with GPS survey methods, Proc 29th Annual convension of Indonesian association of geologists, Bandung.

[2] Anggraini N, Trisakti B, Soesilo TRB. 2012. Aplicação de dados do Sattelite para analisar o potencial de inundação e o impacto da subida do nível do mar. Jurnal pengindraan jauh vol 9 No.2. dezembro de 2012 : 140-151.

[3] Anon., EarthObservatory , NASAOfficial , http://earthobservatory.nasa.gov/IOTD/view.php?id=43105, 21 de março de 2010.

[4] Anon., Ocean Surface Topography from Space, Laboratório de Propulsão a Jato, NASA, http://topexwww.jpl.nasa.gov/science/jason1-quicklook/index.html, janeiro de 2006.

[5] Antin, Elizabeth. 2009: Como é que o planeamento urbano se adapta às ameaças causadas pelas alterações climáticas que induzem a subida do nível do mar e as inundações? A Thesis In Partial Fulfillment of Requirement for The Degree of Master Art, Urban and Enviromental Policy Planning, Tufts University.

[6] A. Madrigal, NASA Satellite Maps 99% of Earth's Topography, http://www.wired.com/wiredscience/2009/06/nasasatellite-maps-99-of-earths topography/, junho de 2006

[7]   Arief, A. 2003. Mangrove Forest Functions and Benefits (Funções e Benefícios das Florestas de Mangue). Canisius. Yogyakarta.

[8]   Paciente Aswin, Nicco Plamonia. 2011. O desafio do desenvolvimento de infra-estruturas de recursos hídricos sustentáveis para fazer face às alterações climáticas na área urbana metropolitana de Jacarta, ITB, Bandung.

[9]   Bengen, Dietriech G. 2001. Technical Guidelines on Introduction and Management Mangrove ecosystems. Centro de Recursos Costeiros e Marinhos -IPB, Bogor.

[10] BPS 2011, Jacarta do Norte em números. Administração da cidade de Jacarta do Norte. ISBN: 0215-4153.

[11] Busquets, Joan (1990), "A transformação urbana como projeto urbano" in Lotus International no. 67.

[12] Cicin-Sain e Knecht. 1998. Integrated Coastal and Ocean Management. Island Press, 1718 Connecticut Avenue, N.W. Suite 300, Washington DC. 2009.

[13] Dahuri. 1996. Gestão Integrada dos Recursos Costeiros e Marinhos.

[14] Dahuri, R. 2003. Marine Biodiversity, Sustainable Development Asset Indonesia. PT Gramedia Pustaka Utama, Jacarta.

[15] Vice-Governador de Jacarta para o Planeamento Espacial e Ambiente. 2014. Prosseguir um desenvolvimento harmonioso e sustentável. 12ª Reunião Plenária da ANMC21.

[16] Direção-Geral das Zonas Costeiras e Ilhas Pequenas, 2006. Diretrizes para as cidades costeiras. Departamento de Marinha e Pescas.Gouw Tjie-Liong. 2014. Perlukah Giant Sea Wall untuk Jakarta. Diskusi FGI 14 de agosto de 2014.

[17] Hadikusumah, Mar. Res. Indon. 29 (1995) 31.

[18] H.Z. Abidin, R. Djaja, D. Darmawan, S. Hadi, A. Akbar, H. Rajiyowiryono, Y. Sudibyo, I. Meilano, M.A. Kasuma, J. Kahar, C. Subarya, Natural Hazard 23 (2001) 365.

[19] H.Z. Abidin, Land Subsidence Characteristics of the Jakarta Basin (Indonesia) Estimated from Leveling GPS and InSAR and its Environmental Impacts. Fac. Geoinformation Science and Engin, UTM, Johor Bahru, 2008, p.49.

[20] H. Poerbo, Structures and High Building Construction, Djambatan, Jakarta, 2000, p.163.

[21] J. Gilluly, A.C. Waters, A.O. Woodford, Principles of Geology, W.H. Freeman & Co., San Francisco, 1968, p.687.

[22] John wirawan, dkk (2013), Apresentação de diapositivos Proposta de pacote.

[23] K. Eschelbach, The Human Coast, Lecture note, Univ. North Carolina, Chapel Hill, n.d, p.23.

[24] Kay, R., dan J. Alder. (1999), Coastal Planning and Management. E&FN Spon. London.

[25] JM Manik e Marasabessy MD. 2010. O afundamento de Jacarta em conexão com a construção de edifícios gasta Megacity. Makara, Science, Vol. 14, No. 1 April 2010: 69-74.

[26] Meyer, Han (1990), "Waterfront Renewal, an International Phenomenon" in Jef Vanreusel (ed.), *Antwerp - Reshaping a City,* s.l.: Blonde Artprinting International.

[27] Muin, M. 2014. Impacto da Recuperação e Dragagem Contra o Fluxo de Circulação Marítima, Fluvial, Sedimentação, e Qualidade da Água. www.muteknologi.musmuin.

[28] Nusal, T.Z, Noyan, T., Atalay, B.G. *et al.* Nutrition, 21:659;2005.

[29] O.S.R. Ongkosongo, H. Supriyana, Existing and future hydraulic engineering works on the coast of Jakarta, Indonesia, Intern. Worksh. Sea Level Changes and Their Consequences for Hydrology and Water Management, UNESCO IHP-IV Projeto H-22, Noordwijkerhout, 1993, p.59.

[30] O.S.R. Ongkosongo, Condição geomorfológica e relação com a poça regional em Jacarta, Sem. Visão geral da geologia regional das poças na área de Jacarta, Din. Mining Prop. DKI Jakarta, Jacarta, 2001, p.22.

[31] O.S.R. Ongkosongo et al. 2009. Alterações no ambiente na cidade costeira de Jacarta do Norte. Pussy. Penel. Oseanog, LIPI, Jacarta, pp. 97.

[32] P. Soekardi, A. Djaeni, H. Soefner, M. Hobler, G. Schmidt, Geological Aspect of the Aquifer System and the Groundwater Situation of Jakarta Artesian Basin, Sem. Geol. Mapping in the Urban Development, Econ. and Soc. Comm. for Asia and the Pacific, Bangkok, 1986.

[33] Pernetta, J. C. Milliman, J. D. 1995, Land- Ocean Interaction in the Coastal Zone (LOICZ) Implementation Plan, IGBP, Estocolmo. 20. N. N

[34] Priatmodjo D. 1993. *Urban Waterfront Development: Case Studies of Barcelona and Jakarta,* tese de mestrado não publicada, Leuven: Katholieke Universiteit Leuven.

[35] Priatmodjo D. 2003. On The Waterfront of Jakarta. Departamento de Arquitetura da Universidade de Tarumanagara, Jacarta.

[36] R.E. Waterman, Naar een integraal kustbeleid via bouwen met de natuur, Meinema, Delft, 1991, p.114.

[37] Van der Heiden, C.N. (1990), "Dutch Influence on Indonesian Towns

from the 17th Century until Independence in 1945 and after"
'piinaiggipePerspectives vol. 5 no. 1.

[38] Windriani, Umi et.al. 2009. Meios de adaptação e adaptação às alterações climáticas e às catástrofes nas zonas costeiras e nas pequenas ilhas. Direção Costeira e Marinha, Direção-Geral da Marinha, da Costa e das Pequenas Ilhas, dos Assuntos Marítimos e das Pescas.

[39] Wrenn, Douglas M. (1983), *Urban Waterfront Development*, Washington DC: ULI.

Printed by Books on Demand GmbH, Norderstedt / Germany